AF395297

MÉMOIRE

SUR LA

LOI QUE SUIVENT LES PRESSIONS,

ET

SUR L'APPLICATION DE CETTE LOI

A LA PRATIQUE DES CONSTRUCTIONS,

A L'USAGE

Des Ingénieurs, Constructeurs, Architectes, Professeurs de Mécanique, etc.;

PAR A. VÈNE,

CHEF DE BATAILLON DU GÉNIE, INGÉNIEUR EN CHEF DU CASERNEMENT DE PARIS, ANCIEN ÉLÈVE DE L'ÉCOLE POLYTECHNIQUE, ETC.

A PARIS,

CHEZ CARILIAN-GŒURY,

LIBRAIRE DU CORPS ROYAL DES PONTS ET CHAUSSÉES ET DES MINES,

QUAI DES AUGUSTINS, N° 41.

JUIN 1836.

Paris. — Imprimerie de BOURGOGNE et MARTINET, rue du Colombier 30.

TABLE

DES MATIÈRES CONTENUES DANS CE MÉMOIRE.

MEMOIRE

SUR LA

LOI QUE SUIVENT LES PRESSIONS,

ET

SUR L'APPLICATION DE CETTE LOI

A LA PRATIQUE DES CONSTRUCTIONS.

Article 1er.

Précis historique des progrès successifs de la mécanique.

Les notions élémentaires de la statique ont pris naissance vers les premiers temps de l'ère chrétienne. Néanmoins ce serait une erreur de croire qu'antérieurement à cette époque, on n'avait pas des connaissances pratiques sur l'emploi des machines; Vitruve nous apprend, en effet, que les cabestans, les poulies et les grues étaient connus de son temps, et employés à élever les fardeaux les plus lourds. Mais, nous le répétons, les connaissances mécaniques des anciens étaient dirigées principalement vers l'utilité pratique, car Aristote lui-même, le plus éclairé d'entre eux, n'avait que des notions confuses sur la théorie des forces.

Ce fut un demi-siècle après la mort d'Aristote que la théorie de la statique commença à surgir, grâce aux travaux et aux découvertes d'Archimède.

Ce géomètre, que Bossut appelle, avec raison, le Newton de l'antiquité, démontra pour la première fois le principe du levier et celui des centres de gravité, et donna des idées positives sur l'équilibre des fluides, science nouvelle dont il fut le créateur.

Après sa mort, quinze siècles successifs se sont écoulés sans que les sciences aient fait de progrès sensibles, ce qui montre combien Archimède avait été supérieur à ses contemporains.

Mais dès le commencement du xvie siècle, un théorème nouveau, connu maintenant sous le nom de parallélogramme des forces, vint enrichir le domaine des connaissances mécaniques.

A ces richesses, Galilée ajouta bientôt après un Traité de statique basé sur l'égalité des moments des forces, égalité qui constitue en quelque sorte le principe des vitesses virtuelles; c'est ainsi qu'il eut le double honneur d'appliquer le premier aux machines le principe des vitesses virtuelles, et de découvrir le mouvement périodique de la terre.

En arrivant vers la fin du xviie siècle, nous voyons la géométrie et l'algèbre, enrichies par Descartes, se prêter un appui mutuel et servir d'aliment à la correspondance et aux défis scientifiques qu'entretenaient Roberwal, Leibnitz, Huygens, Viviani, Bernouilli et Newton. Plus tard, nous voyons cette émulation entre les savants s'accroître

4

encore, surtout lorsque le roi Charles, remonté sur le trône d'Angleterre, eut institué la Société royale des sciences de Londres, société qui porta vers l'étude des mathématiques l'esprit de méditation dont la révolution et le règne de Cromwell avaient développé les germes.

C'est à peu près à cette époque que prirent naissance les calculs différentiel et intégral, et que Jean Bernoulli publia, sous le titre d'*Essai sur la manœuvre des vaisseaux*, un ouvrage où l'on voit, pour la première fois, une application générale et rationnelle du principe des vitesses virtuelles, application dont la *Mécanique analytique* de Lagrange, imprimée en 1787, vint montrer toute la fécondité.

Antérieurement à Lagrange, un principe nouveau de dynamique avait été découvert par d'Alembert, qui avait traité aussi la question des corps pesans soutenus sur plus de trois points d'appui.

La même question fut ensuite l'objet de recherches spéciales de la part d'Euler, dont nous n'avons pas encore cité le nom, mais dont le rang, comme géomètre, doit être marqué entre Lagrange et d'Alembert.

Enfin, à l'exemple de d'Alembert, Bossut, dans ses *Élémens de statique*, considère les pressions comme indéterminées, et depuis lors nul de nos auteurs ne les a considérées sous un autre point de vue.

Tels ont été, en ce qui concerne la mécanique, les travaux successifs des géomètres : quoique couronnés de brillants succès, il est resté parmi les vastes ramifications de cette science des sujets qui n'ont pas été complètement approfondis, et parmi eux se trouve la Théorie des pressions dont nous allons parler, espèce de loi d'exception qui, dès 1818, a été l'objet de nos recherches.

A cette époque, nous n'avions aucune connaissance des travaux posthumes d'Euler ; nous savions seulement ce qu'avaient écrit à ce sujet nos auteurs, notamment d'Alembert et Bossut ; néanmoins il existait en nous une conviction intime qui nous défendait de croire à l'indétermination des pressions, et qui nous décida à en faire part à l'Académie d'Arras et à M. Legendre. Trois ans plus tard (1821), nous donnâmes une solution de cette question, qui fut insérée dans un Mémoire sur l'*Analyse infinitésimale*, envoyé par nous à l'Institut pour concourir au prix de mathématiques.

Enfin, en 1825 et 1827, nous avons communiqué notre solution à MM. les rédacteurs du Bulletin universel des sciences mathématiques, qui en ont rendu compte dans leur ouvrage en janvier 1828.

C'est donc avec raison que nous croyons pouvoir réclamer la priorité d'une question qui nous a occupé dès 1818, et que nous avons résolue en principe en 1821.

ARTICLE 2.

Lorsqu'il y a trois points d'appui, la question des pressions n'offre point de difficultés.

Pour entrer en matière, supposons un corps P soutenu sur un plan horizontal par trois points d'appui A, B, C (*fig.* 2).

Si l'on appliquait à ces points A, B, C, des forces p, p', p'' égales, et opposées aux pressions qu'ils éprouvent, ces forces feraient équilibre au corps P, dont les molécules matérielles sont supposées réunies au centre de gravité G de sorte qu'en désignant par a, b, a', b', a'', b'', X, Y, les coordonnées des points A, B, C, G, cet équilibre peut être exprimé par les trois équations suivantes :

$$p + p' + p'' = P \quad (1).$$
$$p\,a + p'\,a' + p''\,a'' = PX \quad (2).$$
$$p\,b + p'\,b' + p''\,b'' = PY \quad (3).$$

Or, puisque ces équations sont au nombre de trois, elles suffisent pour calculer la valeur numérique des trois forces p, p', p'', lesquelles sont égales et opposées aux pressions exercées par le corps P sur les points A, B, C.

Ainsi, dans le cas présent, il n'existe aucune indétermination dans la valeur des pressions.

ARTICLE 3.

Opinions de d'Alembert, Bossut, etc., lorsque le nombre de points d'appui surpasse trois.

Si les points d'appui étaient en nombre plus grand que trois, la question se compliquerait, et, suivant l'opinion de d'Alembert, de Bossut, etc., elle rentrerait dans la classe des questions indéterminées , par la raison , disent ces géomètres, que les équations d'équilibre ne sont jamais au-delà de trois, et que conséquemment elles sont insuffisantes pour calculer la valeur des inconnues.

Cependant, ils conviennent que dans la nature les pressions sont déterminées; mais ils ajoutent qu'elles le sont parce que tous les corps sont plus ou moins compressibles. Or nous le demandons, comment concevrait-on qu'une compressibilité plus ou moins grande de la part des corps pût donner lieu à des pressions *déterminées*, si pour les corps incompressibles les pressions étaient réellement indéterminées?

Il est un moyen simple de répondre à ceux qui croient à l'indétermination des pressions; c'est de leur dire : Prenez des corps compressibles, admettez même , si vous le désirez, que leur compressibilité soit uniforme, puis établissez vos équations d'équilibre, et montrez-nous que la valeur des pressions se réduit à o/o, lorsque vous y supposez la compression nulle.

Si vous arrivez à ce résultat, la question sera résolue en votre faveur.

Mais, en attendant, nous vous demanderons ce que vous appelez réellement pression indéterminée? Ce mot signifierait-il qu'en considérant actuellement un des points d'appui dont la pression numérique est q, ce point serait pressé quelques minutes plus tard par une autre force q', différente de q? Si un tel effet avait lieu, il faudrait nécessairement l'attribuer à l'existence dans les corps pesans d'une âme ou d'une volonté qui donnerait la faculté à ces corps de peser avec plus ou moins de force, tantôt sur un point, tantôt sur un autre, et assurément ce n'est pas là une des propriétés de la matière.

Or, si les pressions sont constantes, elles sont, sinon déterminées, au moins déterminables : ainsi, on ne peut leur appliquer le nom d'*indéterminées* qu'autant qu'on attacherait à ce mot une signification tendant à faire connaître que les pressions n'ont pas encore été déterminées, mais qu'elles ne sont pas indéterminables.

Nous n'ignorons pas qu'au premier examen on est porté à élever des difficultés à ce sujet, et que la principale consiste en ce que les pressions sont en plus grand nombre que les équations d'équilibre; mais cette difficulté n'infirme point notre conclusion, ainsi qu'on le verra dans l'article suivant.

Article 4.

Les équations relatives aux pressions ne conduisent à une infinité de pressions que parce qu'elles
résolvent une question plus générale qui comporte un nombre infini de solutions.

Si l'on considère quatre points d'appui A, B, C, D, on obtiendra les trois équations
suivantes :

$$p + p' + p'' + p''' = \text{P}. \quad (4).$$
$$p\,a + p'\,a' + p''\,a'' + p'''\,a''' = \text{P X} \quad (5).$$
$$p\,b + p'\,b' + p''\,b'' + p'''\,a''' = \text{P Y} \quad (6).$$

dans lesquelles les forces p, p', p'', p''', ont des valeurs multiples, puisque leur nombre
est plus grand que celui des équations qui les déterminent. Mais ce fait n'est pas nouveau, car dans une infinité de questions algébriques auxquelles on ne reconnaît
qu'une seule solution, on est conduit à des équations d'un degré supérieur qui ont
plusieurs racines, et qui, par conséquent, donnent lieu à des solutions multiples ;
néanmoins ces questions ne sont ni paradoxales ni indéterminées, elles exigent seulement que l'on choisisse dans la muliplicité des racines celles qui satisfont à la question que l'on traite.

Il suffit donc d'agir à l'occasion des pressions d'une manière analogue à ce qu'on
fait dans les questions algébriques ; et puisque les forces p, p', p'', p''', ont une infinité
de valeurs ou racines, nous aurons à prendre dans ce nombre infini celles qui représentent réellement les pressions, et à rejeter les autres comme inutiles ; c'est ce que
nous allons entreprendre, mais auparavant expliquons la cause de la multiplicité des
valeurs.

A cet effet, remarquons que les trois équations (4), (5), (6), qui servent à déterminer les pressions, doivent aussi servir à la solution d'une question plus générale qu'on
peut énoncer ainsi : ayez quatre forces parallèles p, p', p'', p''', appliquées à des points
fixes m, m', m'', m''', déterminez leur résultante P, et le point M où elle est appliquée ;
conservez cette résultante, ainsi que les points m, m', m'', m''', M, mais effacez la grandeur des forces p, p', p'', p''', et proposez-vous ensuite de retrouver ces forces : vous
arriverez, en procédant à la solution de cette nouvelle question, aux mêmes équations (4), (5), (6), qui donnent, ainsi qu'il est facile de s'en apercevoir, une infinité de
valeurs, parce qu'il y a réellement une infinité de forces parallèles qui, étant appliquées
aux points m, m', m'', m''', ont une résultante égale à P; ainsi, loin d'être un paradoxe,
la multiplicité des valeurs de p, p', p'', p''', est une conséquence naturelle de la généra-
lité de cette question.

Revenons maintenant aux choix des racines : parmi leur nombre infini, quelles sont
celles qui représentent les pressions exercées sur les points A, B, C, D?

Telle est la question que nous avons à nous adresser ; pour la résoudre, remarquons
que les pressions, comme tous les phénomènes naturels, sont soumises à une loi générale, qui consiste en ce que les causes et leurs effets sont toujours liés par des *maxima*
ou des *minima*. C'est ainsi :

1° Qu'une colonne de marbre ou d'autre matière, qui éclate sous une charge donnée,
se rompt suivant la surface de moindre résistance ;

2° Que les terres qui s'éboulent en masse cèdent à l'effet du prisme de *plus grande
poussée* ;

3° Que, dans un système de corps qui se font équilibre, le centre de gravité est au point le plus bas ou au point le plus haut;

4° Qu'un corps qui surnage n'a de repos stable que lorsque son centre de gravité a atteint le plus grand enfoncement possible;

5° Que la lumière du soleil qui arrive jusqu'à nous suit la ligne la plus courte qu'elle puisse prendre, étant soumise comme elle l'est aux lois de l'attraction, etc.

Ainsi donc, il nous reste à déterminer quelle est la nature particulière de la loi *maximum* ou *minimum* qui convient à la question des pressions; et c'est là l'objet des articles suivans.

ART. 5.

Comment on détermine, parmi le nombre infini de forces, celles qui représentent les pressions.

Prenons un corps d'une forme quelconque; divisons-le par la pensée en tranches horizontales infiniment voisines, et considérons une de ces tranches. Nous savons qu'elle supporte le poids des tranches supérieures: nous ignorons, il est vrai, quelles sont les pressions particulières qu'elle éprouve en chacun de ses divers points; mais nous savons que, réunies en somme, ces pressions forment le poids total des tranches supérieures, et que, de plus, elles satisfont aux équations des moments (4), (5).

Or, si nous imaginons que la tranche dont il s'agit soit une aggrégation de molécules m, m', m'', m''', etc., juxta-posées et liées entre elles par une force de cohésion égale à φ, toute autre force plus grande que φ appliquée en m, perpendiculairement à cette tranche, aurait l'effet d'en détacher la molécule m, et de l'entraîner au-dehors comme le ferait un emporte-pièces.

S'il existait donc parmi toutes les pressions une force plus grande que φ, celle-là produirait une rupture au point où elle agirait: ainsi, pour connaître d'avance s'il y aurait résistance suffisante, il faudrait savoir si la plus grande des pressions est supérieure à φ. Bien que nous ne connaissions pas encore cette valeur *maximum*, nous pouvons dire que plus elle sera petite, et plus la tranche aura de résistance à l'égard des tranches supérieures; de sorte que si nous déterminons les forces p, p', p'', p''', de manière que la plus grande de toutes soit la plus petite possible, le système de forces, ainsi déterminé, sera calculé de la manière la plus convenable pour favoriser la résistance de la tranche.

C'est dans la détermination de ce système de forces que réside la véritable loi des pressions, car cette loi tend à accroître la résistance des tranches qui supportent l'effort des pressions supérieures, et par conséquent elle favorise de la manière la plus efficace la conservation des corps naturels; car toute autre loi, quelle qu'elle fût, aurait pour résultat inévitable de les faire écraser sous leur propre poids, dans des circonstances où la loi précitée les ferait résister encore.

Admettons donc cette loi de *minimum*, et voyons comment elle conduit à la détermination numérique des pressions.

Puisque la somme $p + p' + p'' + p'''$ est une quantité constante égale à P, la plus grande de ces forces serait la plus petite possible, si toutes les forces étaient égales entre elles, car dans ce cas elle serait un *minimum absolu*.

Mais cette égalité entre les forces p, p', p'', p''', ne peut exister que dans certains cas, car il faut avant toutes choses que les équations (5) et (6) soient satisfaites, et elles ne pourraient l'être qu'à certaines conditions, si l'on avait $p = p' = p'' = p'''$.

Ainsi en général, la plus grande pression sera un *minimum* relatif.

Dès 1821, nous avions cru que ce *minimum* répondait au cas où le produit $p\ p'\ p''\ p'''\ldots$ est un *maximum*; mais depuis lors nous avons démontré qu'il résulte du système pour lequel la somme $p_1^2 + p'^2 + p''^2 + p'''^2$ est un *minimum* (Voir la démonstration ci-dessous) (1), ce qui est conforme aux idées émises à ce sujet par M. Cournot.

La détermination des pressions p, p', p'', p''' dépend donc d'une question de maximum ordinaire, qui se résout d'après les principes connus, en partant des bases suivantes :

$$p + p' + p'' + p''' = P \qquad (7).$$
$$p\,a + p'\,a' + p''\,a'' + p'''\,a''' = XP \qquad (8).$$
$$p\,b + p'\,b' + p''\,b' + p'''\,b''' = YP \qquad (9).$$
$$p^2 + p'^2 + p''^2, p'''^2 = minimum \qquad (10).$$

Un artifice de calcul donne des moyens prompts d'arriver à la solution de cette question ; pour cela, différencions les équations 7, 8, 9, 10, nous aurons successivement :

$$dp + dp' + dp'' + dp''' = o \quad (11).$$
$$a\,dp + a'\,dp' + a''\,dp'' + a'''\,dp''' = o \quad (12).$$
$$b\,dp + b'\,dp' + b''\,dp'' + b'''\,dp''' = o \quad (13).$$
$$p\,dp + p'\,dp' + p''\,dp'' + p'''\,dp''' = o \quad (14).$$

---

(1) *Théorème*. Si n forces positives $a, a', a''\ a'''\ldots a^{(n-1)}$, dont la somme $= P$ sont ordonnées suivant leur rang de grandeur, de telle manière que la force initiale a soit la plus grande, et qu'on ait $a > a' > a'' > a'''\ldots > a^{(n-1)}$.

Il y a une infinité de systèmes de forces qui, étant ordonnés de la même manière, forment la même somme P, en sorte qu'on a successivement :

$$b + b' + b''\ldots + b^{(n-1)} = P.$$
$$c + c' + c''\ldots + c^{(n-1)} = P.$$
$$d + d' + d''\ldots + d^{(n-1)} = P.$$
$$\cdots\cdots\cdots\cdots\cdots$$
$$l + l' + l''\ldots + l^{(n-1)} = P.$$

Mais parmi tous ces systèmes il en est un $a + a' + a''\ldots a^{(n-1)}$, dont la force initiale a est plus petite que dans tous les autres, et c'est précisément celui-là pour lequel la somme des carrés $a^2 + a'^2 + a''^2\ldots + a^{(n-1)\,2}$ est un *minimum*.

Démonstration : Il s'agit de prouver que si $a^2 + a'^2 + a''^2 + \ldots {}^{(n-1)2} = minimum$: la quantité initiale a est plus petite que toutes les quantités initiales $b, c, d,\ldots, l$. En effet, si a n'était pas la plus petite quantité initiale, on pourra diminuer a d'une quantité δ, et alors le terme a^2 deviendrait $(a-\delta)^2$; mais en diminuant a, il faudrait en même temps augmenter de la même quantité δ un ou plusieurs termes de la série $a', a'', a'''\ldots a^{(n-1)}$.

Supposons que cette augmentation porte sur a''' seulement, le changement dont il s'agit consiste donc à remplacer les deux termes : $a^2 + a'''^2$ par $(a-\delta)^2 + (a''' + \delta)^2$ ou par $a^2 - 2a\delta + \delta^2 + a'''^2 + 2a'''\delta + \delta^2 = a^2 + a'''^2 - 2\delta\,[a - (a''' + \delta$

Or, comme le premier terme $a - \delta$ reste toujours plus grand que le terme $a''' + \delta$, l'expression :
$- \delta\,[a - (a''' + \delta)]$ est nécessairement négative.

Ainsi, le remplacement de a par $a - \delta$ aura produit une diminution dans la série $a^2 + a'^2\ldots$, bien que cette série ne dût pas diminuer, puisque nous la supposions parvenue à son *minimum*.

Si l'augmentation δ, que nous avons portée sur le terme a''', était répartie sur deux termes à la fois, tels que $a''\ a'''$, alors les quantités $a^2 + a''^2 + a'''^2$ seraient remplacées par les expressions $(a-\delta)^2 + (a'' + \delta')^2 + (a''' + \delta'')^2$ dans lesquelles $\delta = \delta' = \delta''$; ou par

$$a^2 + a''^2 + a'''^2 - 2a\delta + \delta^2 + 2a''\delta' + \delta'^2 + 2a'''\delta'' + \delta''^2.$$

ou par

$$a^2 + a''^2 + a'''^2 - (\delta' + \delta'') + (\delta' + \delta'')^2 + 2a''\delta' + \delta^2 + 2a'''\delta'' + \delta''^2 =$$
$$a^2 + a''^2 + a'''^2 - 2\delta'\,[a - (a'' + \delta)] - 2\delta''\,[a - (a''' + \delta' + \delta'')].$$

Quantité plus petite que $a^2 + a''^2 + a'''^2$, parce que les deux derniers termes sont négatifs, attendu que l'on a successivement : $a > a'' + \delta$, et $a'' + \delta' > a''' + \delta''$, ce qui donne $a > a'' + \delta$, et $a > a''' + \delta' + \delta''$.

Ainsi, dans ce cas, comme dans le premier, la série de $a^2 + a'^2 + a''^2\ldots a^{(n-1)2}$ ne serait pas un *minimum* comme on l'a supposé.

Nous concluons de là que, lorsque cette série est un *minimum*, la force initiale a est la plus petite possible.

C. Q. F. D.

Ajoutons ensemble ces quatre équations, après avoir multiplié la première par α, la deuxième par β, et la troisième par γ, nous obtiendrons l'équation :

$$dp\,(p + \alpha + \beta a + \gamma b) + dp''\,(p' + \alpha' + \beta a' + \gamma b') + dp''\,(p'' + \alpha'' + \beta a'' + \gamma a'') + \text{etc.} = 0 \quad (15).$$

dont les coefficiens des différentielles étant égalés à zéro donneront :

$$\left.\begin{aligned}
p + \alpha + \beta a + \gamma b &= 0 \\
p' + \alpha + \beta a' + \gamma b' &= 0 \\
p'' + \alpha + \beta a'' + \gamma b'' &= 0 \\
p''' + \alpha + \beta a''' + \gamma b''' &= 0 \\
\cdots\cdots\cdots\cdots\cdots \\
p^{(n-1)} + \alpha + \beta a^{(n-1)} + \gamma b^{(n-1)} &= 0
\end{aligned}\right\} \quad (16).$$

De ces équations, dans lesquelles α, β, γ, se répètent uniformément, nous tirons la conclusion que si les pressions p, p, pp''', étaient représentées par des lignes droites, ces lignes droites pourraient former les ordonnées verticales du plan, dont l'équation est $z + \alpha + \beta x + \gamma y = 0$, et auquel nous donnerons le nom de *plan des pressions*. Ainsi, pour calculer séparément chacune des pressions, il suffira de connaître la valeur numérique des trois élémens α, β, γ, qui déterminent la position du plan des pressions, ce qui est toujours facile, quel que soit le nombre de points d'appui, ainsi que nous allons le montrer. Pour abréger les calculs adoptons les notations suivantes :

$$\begin{aligned}
a + a' + a'' \;\ldots\; a^{(n-1)} &= \Sigma\, a. \\
b + b' + b'' \;\ldots\; b^{(n-1)} &= \Sigma\, b. \\
ab + ab' + ab'' \quad a^{(n-1)} b^{(n-1)} &= \Sigma\, ab. \\
a^2 + a'^2 + a''^2 \;\ldots\; a^{(n-1)} &= \Sigma\, a^2. \\
b^2 + b'^2 + b''^2 \;\ldots\; b^{(n-1)\,2} &= \Sigma\, b^2.
\end{aligned}$$

Cela posé, ajoutons les équations (16) que nous supposons être au nombre de n, nous aurons :

$$p + p' + p'' + p''' + n\,\alpha + \beta\,(a + a' + a''') + \gamma\,(b + b' + b'' + b''') = 0$$

ou

$$P + n\,\alpha + \beta\,\Sigma a + \gamma\,\Sigma b \quad 0 \qquad (17).$$

Multiplions ensuite les mêmes équations (16), la première par a, la deuxième par a', la troisième par a'', etc., et ajoutons les résultats, nous aurons

$$ap + a'p' + a''p'' + a'''p''' + \alpha\,\Sigma a + \beta\,\Sigma a^2 + \gamma\,\Sigma ab = 0.$$

Équation dont la comparaison avec l'équation 8, donne

$$PX + \alpha\,\Sigma a + \beta\,\Sigma a_2 + g\,\Sigma ab = 0 \quad (18).$$

Enfin, répétons à l'égard de b, b', b'', etc, les opérations que nous venons d'exécuter à l'égard de a, a', a'', nous formerons l'équation suivante,

$$PY + \alpha\,\Sigma b + \beta\,\Sigma ab + g\,\Sigma b_2 = 0 \quad (19).$$

Faisons ensuite $X = 0$ et $Y = 0$ dans les équations (17), (18), (19), ce qui revient à placer l'origine des coordonnées sur la même verticale que le centre de gravité, nous obtiendrons pour α, β, γ, les valeurs suivantes, savoir :

$$\alpha = \frac{-\,P\,[\,\Sigma a^2\,\Sigma b^2 - (\Sigma ab)^2\,]}{n\,\Sigma a^2\,\Sigma b^2 - n\,(\Sigma ab)^2 + 2\,\Sigma a\,\Sigma a\,\Sigma ab - \Sigma b^2\,(\Sigma a)^2 - \Sigma a^2\,(\Sigma b)^2} \qquad (20).$$

$$\beta = \frac{-\,P\,[\,\Sigma ab\,\Sigma b - \Sigma b^2\,\Sigma a\,]}{n\,\Sigma a^2\,\Sigma b^2 - n\,(\Sigma ab)^2 + 2\,\Sigma a\,\Sigma b\,\Sigma ab - \Sigma b^2\,(\Sigma a)^2 - \Sigma a^2\,(\Sigma b)^2} \qquad (21).$$

$$\gamma = \frac{-\,P\,(\Sigma ab\,\Sigma a - \Sigma a_2\,\Sigma b)}{n\,\Sigma a^2\,\Sigma b^2 - n\,(\Sigma ab)^2 + 2\,\Sigma a\,\Sigma b\,\Sigma ab - \Sigma b_2\,(\Sigma a)^2 - \Sigma a^2\,(\Sigma b)^2} \qquad (22).$$

Si l'on représente par D le dénominateur commun de α, β, γ, les expressions précédentesse changerout en

$$\alpha = \frac{-\,P\,[\,\Sigma\,a_{2}\,\Sigma\,b_{2}\,-(\Sigma\,a\,b\,)^{2}\,]}{D}$$

$$\beta = \frac{-\,P\,[\,\Sigma\,a\,b\,\Sigma\,b\,-\,\Sigma\,b^{2}\,\Sigma\,a\,]}{D}$$

$$\gamma = \frac{-\,P\,[\,\Sigma\,b\,\Sigma\,a\,-\,\Sigma\,a^{2}\,\Sigma\,b\,]}{D}$$

Valeurs faciles à trouver en calculant séparément $\Sigma\,a^{2}$, $\Sigma\,b^{2}$, $\Sigma\,b$..., et dès que α, β, γ, seront connus, les équations (16) fourniront les pressions p, p', p'', etc., que l'on peut aussi obtenir graphiquement en traçant *une échelle de pente* sur le plan de pressions, comme on le fait dans les projets de fortification sur les plans de *défilement*.

ARTICLE 6.

Lorsque le nombre de points d'appui est illimité, les pressions forment les ordonnées d'une surface plane.

Lorsque le nombre de points d'appui n'est pas limité, comme cela arrive avec des corps qui se touchent suivant une surface, les opérations que nous venons d'indiquer présentent des difficultés dont la solution demande des considérations particulières.

Pour développer ces considérations, supposons que le corps pesant touche le plan horizontal suivant la surface plane A B (fig. 1).

Désignons par x, y, les coordonnées d'un point quelconque a, par z, la pression qui aurait lieu sur une unité de surface, dont tous les points seraient pressés de la même manière que le point a, le produit $z\,dx\,dy$ exprimera la grandeur de la force qui agit sur l'élément différentiel ab, et dans ce cas, $\iint z\,dx\,dy$ pris dans toute l'étendue de la surface A B représentera la résultante des pressions, laquelle est égale au poids total du corps.

Ainsi on a :

$$\iint z\,dx\,dy = P \quad (23).$$

D'après les mêmes considérations les équations 8 et 9, relatives au moment des pressions, et l'équation 10, concernant les carrés des pressions, se changeront en :

$$\iint x\,z\,dx\,dy = P\,X \qquad (24).$$

$$\iint y\,z\,dx\,dy = P\,Y \qquad (25).$$

$$\iint z^{2}\,dx\,dy = minimum. \quad (26).$$

Appliquant aux quatre équations (23), (24), (25) et (26), les principes du calcul des variations, nous aurons d'abord

$$\iint (z^{2} + \alpha\,z + \beta\,x\,z + \gamma\,y\,z)\,dx\,dy = minimum.$$

formule dans laquelle α, β, γ, sont des constantes que l'on calculera de manière à satisfaire aux équations (23), (24), (25); et puisque les limites de cette intégrale sont déterminées par la courbe A B , nous n'aurons égard qu'à la variation de z, ce qui nous donnera

$$2\,\delta z + \alpha\,\delta z + \beta\,x\,\delta z + \gamma y\,\delta z = 0$$

ou

$$2\,z + \alpha + \beta\,x + \gamma y = 0$$

ou

$$z + \tfrac{1}{2}\,(\alpha + \beta\,x + \gamma y) = 0 \quad (27).$$

De cette équation, qui appartient à un plan, dérive un résultat inattendu et extrêmement remarquable , c'est que les pressions forment toujours une surface plane, ce qui donne des moyens faciles de les calculer.

ARTICLE 7.

Tous les points d'une surface de contact sont soumis à des pressions égales , lorsque le centre de gravité de cette surface se trouve sur la même verticale que le centre de gravité du corps qui exerce la pression.

Revenons maintenant sur nos pas, afin d'ajouter quelques développements que nous avons omis dans ce qui précède. Nous avons dit (art. 5) qu'il y a égalité entre les pressions qui supportent les divers points d'appui toutes les fois que cette égalité est compatible avec les équations des moments (4), (5), et maintenant nous ajoutons que cette égalité est compatible avec les équations précitées, lorsque la verticale menée par le centre de gravité du corps rencontrera le centre de la surface de contact.

En effet, faisons $p = p' = p'' = p''' = \mathrm{p}^{\mathrm{iv}}$, etc., et supposons :

1° Que ω soit un élément de la surface de contact S , dont nous désignons l'étendue par S;

2° Que Q soit la pression qu'éprouve l'unité de surface; nous aurons P $= \mathrm{Q}\,\omega$: valeur qui étant substituée dans les équations (4), (5), (6) de l'article 4, donne

$$Q\,(\omega + \omega + \omega + \omega + \omega) = P$$

ou

$$Q\,S = P.$$
$$Q\,\omega\,(a + a' + a'' + a''') = Q\,S\,X \quad (28).$$
$$Q\,\omega\,(b + b' + {}'' + b''') = Q\,S\,Y \quad (29).$$

Cela posé, X Y étant les coordonnées du centre de gravité de la surface S, la propriété connue de ce centre donne les équations suivantes :

$$\omega\,(a + a' + a'' + a''' \;X.$$
$$\omega\,(b + b' + b'' + b''') = S\,Y.$$

lesquelles étant multipliées par Q deviennent identiques avec les équations (28), (29), ce qui prouve que ces dernières équations sont exactes, et que tous les points d'appui sont pressés par des forces égales.

Pour vérifier par un exemple cette proposition générale, supposons un corps pesant P posé sur un plan qu'il touche en trois points A B C (fig. 2), et dont le centre de gravité se projette en G, point qui est en même temps le centre de gravité du triangle A B C.

D'après ce qui précède, la pression que supporte chacun des trois points d'appui est $\tfrac{1}{3}$ P, puisque le centre de gravité du corps et celui de la base sont placés sur la même verticale. Ainsi, pour que nos principes soient vérifiés dans cet exemple, il faut que la décomposition ordinaire des forces conduise à un résultat semblable, et c'est ce qui a lieu ici; car, en décomposant le poids P, et faisant surface $ABC = P$, on obtient (voy. : la *Statique* de M. Poinsot, page 273, édition de 1830) :

Pression A = triangle C G B.
Pression B = triangle A G C.
Pression C = triangle A G B.

Or, si l'on compare le triangle AG B, au triangle ABC, on verra que

$$A B C = \frac{A B}{2} \times C Q.$$

$$A G B = \frac{A B}{2} \times G P.$$

et comme $CQ : GP :: 3 : 1$, on conclut $\frac{ABC}{3}$ AGB; on trouve également

$$\frac{A B C}{3} = A G C.$$

$$\frac{A B C}{3} = C G B.$$

Ainsi donc pression A = pression B = pression C = $\frac{1}{3}$ P.

ARTICLE 8.

Applications de la théorie des pressions à la pratique des constructions. — Erreurs relatives à la fondation des escarpes.

Considérons maintenant un édifice quelconque, dont les fondations soient établies sur un sol qui ait partout la même compressibilité, cet édifice pourra être regardé comme un corps rigide, posé sur un plan ; si donc son centre de gravité est placé sur la même verticale que le centre de l'aire des fondations, son *tassement* sera uniforme, puisque tous les points du sol seront pressés par des forces égales : ainsi, dans ce cas, la compressibilité n'aura point d'effet nuisible à la solidité de l'édifice.

De là nous tirons cette conclusion que, lorsqu'on élève un bâtiment sur un sol compressible, il faut disposer ses fondations de manière qu'elles remplissent les conditions que nous venons d'énoncer, ce qu'il sera possible d'atteindre en agrandissant les parties des fondations où la pression sera trouvée plus forte.

Dans le quatrième numéro du *Mémorial de l'officier du génie*, on a exposé une théorie relative aux constructions, de laquelle il résulterait, si elle était exacte, que les revêtements des escarpes n'auraient aucune tendance à *chavirer*, lorsque la résultante S (fig. 3) de la poussée des terres et du poids de revêtement passerait par le centre O des fondations, et qu'en outre le pied des revêtements serait garni d'un rang de palplanches ou d'autres obstacles semblables.

L'examen de cette question nous a conduit à des conclusions tout opposées. Pour fixer les idées à ce sujet, considérons la fig. 3 dans laquelle la poussée des terres est représentée par *mc* ou *op*, le poids du mur par *cp*, et la résultante S par la diagonale *co*, que nous supposons couper en *o* le milieu de la base AB des fondations. L'auteur de la théorie dont il s'agit décompose la force S en deux autres forces *m o*, *p o*, et il ajoute que cette dernière force, qu'il appelle R', est annihilée par le frottement F et par la résistance des palplanches.

13

S'il en était ainsi, on pourrait faire équilibre au système, en appliquant au point o deux forces, l'une P, dirigée de bas en haut, égale à $m\,o$, et l'autre R′ dirigée de R′ vers A.

Or, des cinq forces R, R′, $p\,o$, P, $m\,o$, les deux dernières se détruisent, et les deux premières, dont l'une est dirigée suivant R C, et l'autre suivant R′ A, forment un couple dont le bras de levier est égal à $m\,o$ ou à $c\,p$, lequel couple ne peut pas être tenu en équilibre par une force unique comme on le suppose.

L'erreur qu'on a commise en cette occasion provient de la transformation de la force S, qu'on a décomposée au point o, au lieu de la décomposer au point c qui est celui où agit la poussée des terres : en effet, si elle eût été décomposée en c, la force R′ n'eût pas été dirigée suivant R′ A, mais suivant la direction m R, direction qui s'élève au tiers de la hauteur du mur, et par conséquent bien au-dessus de la tête des palplanches.

De ces considérations, il résulte :

1° Que les revêtements fondés sur un sol impressible tendent en général à chavirer autour de leur arête intérieure B (*fig.* 4), pour se déverser suivant B D′ ;

2° Que l'écrasement ou la compressibilité des matériaux peut produire le même effet, et faire chavirer un revêtement sur une partie A D (*fig.* 5) de sa hauteur, événement que nous avons eu occasion de remarquer à Arras en 1818, sur la *courtine* du *front* de Baudimont.

FIN.

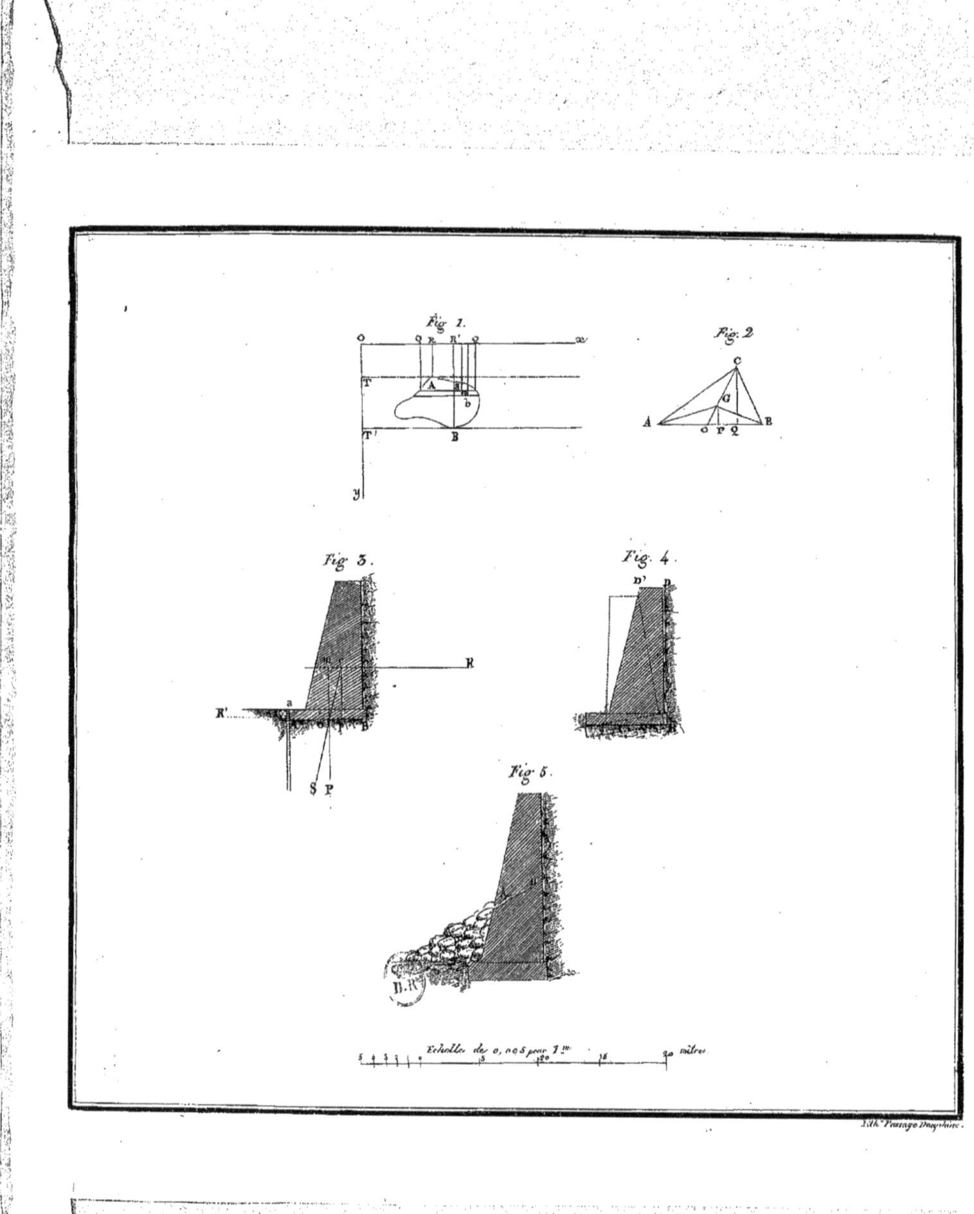

Fig. 1.
Fig. 2.
Fig. 3.
Fig. 4.
Fig. 5.
Echelle de 0, 005 pour 1 m
mètres
Lith. Passage Dauphine

Pour paraître dans le courant de l'année :

1° MÉMOIRE SUR LA CONSTRUCTION DES CITERNES ET DES BASSINS, contenant planches et tableaux à l'usage des constructeurs, par A. VÈNE, chef de bataillon du Génie, ingénieur en chef du casernement de Paris . . . . 1 vol. in-8°

2° TRAITÉ SUR LE CALCUL DES VARIATIONS, par le MÊME AUTEUR . . . . 1 vol. in-8°